匠心筑梦 技能报国

优秀技术工人
百工百法丛书

文赛军工作法

低热硅酸盐水泥的制备及应用

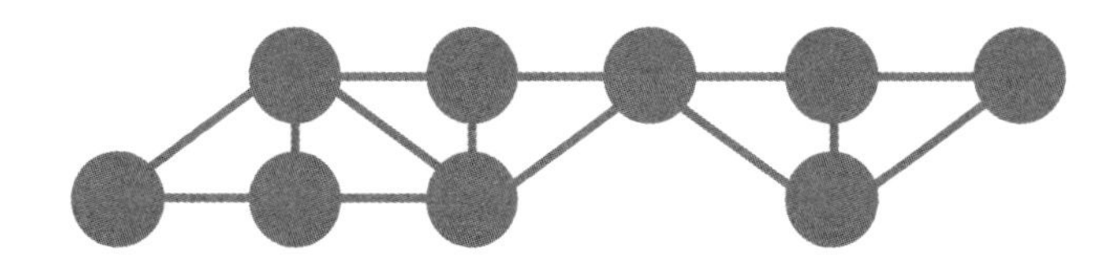

中华全国总工会 组织编写

文赛军 著

中国工人出版社

技术工人队伍是支撑中国制造、中国创造的重要力量。我国工人阶级和广大劳动群众要大力弘扬劳模精神、劳动精神、工匠精神，适应当今世界科技革命和产业变革的需要，勤学苦练、深入钻研，勇于创新、敢为人先，不断提高技术技能水平，为推动高质量发展、实施制造强国战略、全面建设社会主义现代化国家贡献智慧和力量。

——习近平致首届大国工匠创新交流大会的贺信

序

党的二十大擘画了全面建设社会主义现代化国家、全面推进中华民族伟大复兴的宏伟蓝图。要把宏伟蓝图变成美好现实，根本上要靠包括工人阶级在内的全体人民的劳动、创造、奉献，高质量发展更离不开一支高素质的技术工人队伍。

党中央高度重视弘扬工匠精神和培养大国工匠。习近平总书记专门致信祝贺首届大国工匠创新交流大会，特别强调“技术工人队伍是支撑中国制造、中国创造的重要力量”，要求工人阶级和广大劳动群众要“适应当今世界科技革命和产业变革的需要，勤学苦练、深入钻研，勇于创新、敢为人先，不断提高技术技能水平”。这些亲切关怀和殷殷厚望，激励鼓舞着亿万职工群众弘扬劳模精神、劳动精神、工匠精神，奋进新征程、建功新时代。

近年来，全国各级工会认真学习贯彻习近平总书记关于工人阶级和工会工作的重要论述，特别是关于产业工人队伍建设改革的重要指示和致首届大国工匠创新交流大会贺信的精神，进一步加大工匠技能人才的培养选树力度，叫响做实大国工匠品牌，不断提高广大职工的技术技能水平。以大国工匠为代表的一大批杰出技术工人，聚焦重大战略、重大工程、重大项目、重点产业，通过生产实践和技术创新活动，总结出先进的技能技法，产生了巨大的经济效益和社会效益。

深化群众性技术创新活动，开展先进操作法总结、命名和推广，是《新时期产业工人队伍建设改革方案》的主要举措之一。落实全国总工会党组书记处的指示和要求，中国工人出版社和各全国产业工会、地方工会合作，精心推出“优秀技术工人百工百法丛书”，在全国范围内总结 100 种以工匠命名的解决生产一线现场问题的先进工作法，同时运用现代信息技术手段，同步生产视频课程、线上题库、工匠专区、元宇宙工匠创新工作室等数字知识产品。这是尊重技术工人首创精神的重要体现，是工会提高职工技能素质和创新能力的有力做法，必将带动各级工会先进操作法总结、命名和推广工作形成热潮。

此次入选“优秀技术工人百工百法丛书”作者群体的工匠人才，都是全国各行各业的杰出技术工人代表。他们总结自己的技能、技法和创新方法，著书立说、宣传推广，能让更多人看到技术工人创造的经济社会价值，带动更多产业工人积极提高自身技术技能水平，更好地助力高质量发展。中小微企业对工匠人才的孵化培育能力要弱于大型企业，对技术技能的渴求更为迫切。优秀技术工人工作法的出版，以及相关数字衍生知识服务产品的推广，将为中小微企业的技术进步与快速发展起到推动作用。

当前，产业转型正日趋加快，广大职工对于技能水平提升的需求日益迫切。为职工群众创造更多学习最新技术技能的机会和条件，传播普及高效解决生产一线现场问题的工法、技法和创新方法，充分发挥工匠人才的“传帮带”作用，工会组织责无旁贷。希望各地工会能够总结命名推广更多大国工匠和优秀技术工人的先进工作法，培养更多适应经济结构优化和产业转型升级需求的高技能人才，为加快建设一支知识型、技术型、创新型劳动者大军发挥重要作用。

中华全国总工会兼职副主席、大国工匠

优秀技术工人百工百法丛书

机械冶金建材卷

编委会

作者简介
About The Author

文寨军

1968 年出生，从事特种水泥基材料的研究和开发工作，现任中国建筑材料科学研究总院有限公司水泥科学与新型建筑材料研究院院长，中国水泥协会特种水泥分会秘书长，兼任国家级重点实验室（绿色建筑材料国家重点实验室）主任，教授级高级工程师，硕士研究生导师。

曾获“全国优秀科技工作者”“中国青年五四奖

章”“中央企业劳动模范”“中央企业优秀共产党员”“有突出贡献中青年专家”等荣誉和称号，入选“国家百千万人才工程”，享受国务院政府特殊津贴。

文寨军参与完成国家科技支撑计划、国家重点基础研究发展计划（973 计划）等 10 多项国家级科研项目，开发出一批具有国际先进水平的特种水泥技术成果，被广泛应用于水电、石油、核电等工程建设领域。其成功突破传统硅酸盐水泥的组成限制，解决了高活性晶型贝利特矿物的稳定和活化这一国际难题，攻克了低热硅酸盐水泥稳定制备技术，研制出了大坝“退烧药”。其研究成果被应用于三峡、乌东德、白鹤滩等数十个超大型水电工程，为确保国内大型水电工程建设质量起到重要作用，产生了显著经济、社会和环境效益。

精益求精、勇于创新

以赤诚执着之匠心服务重大工程

[illegible]

目　录
Contents

引 言 Introduction

特种水泥是一种具有特殊性能、能够满足某种特殊工程建设要求的水泥材料，在我国建筑、交通、能源、国防等领域有着重要应用。低热硅酸盐水泥作为一种特种水泥，具有水化放热量少、体积稳定性佳、后期强度增进大、耐久性能优良等特性，是水利、铁路等工程领域解决混凝土开裂问题的关键材料，为乌东德水电站、白鹤滩水电站等国家重大工程实现混凝土裂缝控制提供了材料基础。另外，其烧成温度低、烧成过程碳排放量小的特点，使其成为当下低碳水泥研发的热门方向之一。低热硅酸盐水泥主导矿物为硅酸二钙，因该矿物具有多种晶型且高温晶型稳定困难、低温晶型活性较低，导致低热硅酸盐水泥在工业化生产中面临烧成温度范围窄、窑况不稳定、水泥强度低等问题，严重限制了这种极具潜力的特种水泥的生产、推广与应用。

本书针对低热硅酸盐水泥矿物组成特殊、工业化生产困难等问题，从矿物组成调控、关键矿物活化、微膨胀性能调节、工艺参数控制、混凝土设计与施工等角度，总结了保证低热硅酸盐水泥稳定工业化生产的关键技术，介绍了进一步调控低热硅酸盐水泥性能的创新方法，列举了低热硅酸盐水泥应用的经典案例，供相关行业从业人员在工业生产与工程应用中参考。

第一讲

低热硅酸盐水泥的基本概况

低热硅酸盐水泥，简称低热水泥，是一种以硅酸二钙（C_2S，贝利特）为主导矿物的水泥，在国内最早由中国建筑材料科学研究总院于20世纪90年代成功研制，经过多年的改良与升级，目前已经形成了成熟的工业生产技术与工程应用技术。低热硅酸盐水泥的水化放热量相较普通硅酸盐水泥更低，能够有效降低混凝土温升，减少温度裂缝，并且其优良的耐久性能能够有效保证混凝土结构的使用寿命与工程质量。由于性能优良，低热硅酸盐水泥已在水利工程大坝、大型桥梁承台等大体积混凝土结构中得到了广泛的应用，并且在对抗裂要求较高的混凝土结构中有着极大的应用前景。近年来，低热硅酸盐水泥陆续在溪洛渡、乌东德、白鹤滩等水电站大量应用，有效地解决了大坝建设过程中的温度裂缝问题。

此外，低热硅酸盐水泥的主导矿物 C_2S 的生成焓约为 1350kJ/kg，与传统水泥的主导矿物硅酸三钙（C_3S）相比，降低约 25%，其熟料烧成温度由

1450℃降至1200~1350℃，因此生产过程中所需能耗低、碳排放量少。与普通硅酸盐水泥相比，低热硅酸盐水泥在生产过程中的石灰石消耗量小，其熟料烧成温度低50~100℃。通常造成土木工程能源消耗的主要来源有两种——内蕴能量和运行能量，分别指建筑材料制造和建筑施工过程中消耗的能量，以及工程对象运作、维修及处置的能量。低热硅酸盐水泥较低的生产能耗和碳排放量以及优良的耐久性能，能够有效减少这两大能源消耗。

一、基本技术指标

低热硅酸盐水泥是在适当成分的硅酸盐水泥熟料中加入适量石膏而制成，其特征主要由矿物组成、水化热性能、抗压强度等关键指标决定。国内外标准均对低热硅酸盐水泥作了特殊性能要求，中国、美国、日本三国标准对低热硅酸盐水泥的组成及性能指标要求分别见表1、表2。

表 1　各国标准对低热硅酸盐水泥化学组成和矿物成分要求

相关标准	类型	参数要求				
		C_2S	C_3S	C_3A	MgO	SO_3
GB/T 200—2017（《中热硅酸盐水泥、低热硅酸盐水泥》，此为中国标准）	低热硅酸盐水泥	≥ 40%	—	≤ 6%	≤ 6%	≤ 3.5%
ASTM C150—2021（《波特兰水泥》，此为美国标准）	Ⅳ型	≥ 40%	≤ 35%	≤ 7%	≤ 6%	≤ 2.3%
JIS R 5210—2014（《波特兰水泥》，此为日本标准）	低热硅酸盐水泥	≥ 40%	—	≤ 6%	≤ 5%	≤ 3.5%

注：ASTM C150—2021 和 JIS R 5210—2014 均规定水泥化学成分和矿物组成要求；GB/T 200—2017 规定熟料化学成分和矿物组成要求。

表 2　各国标准对低热硅酸盐水泥水化热性能及抗压强度指标要求

相关标准	水化热性能 /（kJ/kg）			抗压强度 /MPa		
	3d	7d	28d	7d	28d	91d
GB/T 200—2017	≤ 230	≤ 260	—	≥ 13	≥ 42.5	—
ASTM C150—2021	—	≤ 250	≤ 290	≥ 7	≥ 17	—
JIS R 5210—2014	—	≤ 250	≤ 290	≥ 7	≥ 22.5	≥ 42.5

在矿物组成方面，C_2S 作为低热硅酸盐水泥的主导矿物，中、美、日三国标准都将其含量规定在

40% 以上，因为这不仅能够保证较低的水化放热量，也能保证后期强度的有效增长。C_3S 作为另一种关键的硅酸盐矿物，通常在普通硅酸盐水泥中的含量达到 60% 以上，但在低热硅酸盐水泥中，需要控制其含量，以减少水化放热量。尽管我国标准与日本标准并未对 C_3S 的含量提出要求，但在实际生产中，通常其含量应控制在 35% 以下。铝酸三钙（C_3A）是水泥水化过程中放热量最大的矿物，其放热量是 C_2S 的 4 倍、C_3S 的 3 倍，因此其含量必须严格控制。中、美、日三国标准都未对铁铝酸四钙（C_4AF）的含量作出明确要求，在实际生产中，其含量通常控制在 12% 以上，这样能在一定程度上提升水泥的抗裂性能，因此铁相含量高也是低热硅酸盐水泥矿物组成的一大特征。近年，中国建筑材料科学研究总院还研制出了高镁低热硅酸盐水泥，通过引入 4%~6% 的膨胀组分氧化镁（MgO），使 MgO 在水泥体系中发生延迟性体积膨胀，提高水泥的抗裂性能。

二、性能特点

1. 水化放热

低热硅酸盐水泥的水化放热量低，比普通硅酸盐水泥低 30%；与水利工程系列的中热硅酸盐水泥相比，各龄期的水化放热量均低 15% 左右。其中，3~28d 龄期的低热硅酸盐水泥的水化放热量比中热硅酸盐水泥低 30~50 kJ/kg，28d~1y 龄期的低热硅酸盐水泥的水化放热量比中热硅酸盐水泥低 50~70 kJ/kg。90d 龄期后，低热硅酸盐水泥和中热硅酸盐水泥的水化放热量相差不大。

2. 流变性能

低热硅酸盐水泥具有较好的流变特性，适用于有不同流动性要求的混凝土。这主要得益于 C_2S 早期的水化程度较 C_3S 更低，同时 C_2S 的矿物形状接近于球形，更有利于浆体流动。在相同水胶比的情况下，低热硅酸盐水泥的砂浆流动度要优于普通硅酸盐水泥。低热硅酸盐水泥与外加剂也有很优良的适应性。在相同的减水剂掺量下，用低热硅酸盐水泥配制的混凝土的坍落度更高，同时外加剂的经时损失更小。

3. 强度发展

低热硅酸盐水泥早期（3d 和 7d）的抗压强度稍低于中热硅酸盐水泥；28d 龄期时的抗压强度与中热硅酸盐水泥相当；60d 龄期时的抗压强度超过中热硅酸盐水泥；90d、180d 和 1y 龄期时，其抗压强度比中热硅酸盐水泥高 5~15MPa。低热硅酸盐水泥以 C_2S 为主导矿物，其 28d 及以后龄期的抗折强度高出中热硅酸盐水泥 1~3MPa。

4. 体积收缩

由于 C_3S 和 C_3A 含量低，低热硅酸盐水泥水化后的化学收缩明显小于普通硅酸盐水泥。另外，低热硅酸盐水泥在水化过程中产生的自收缩率也较普通硅酸盐水泥低 30%~50%。在干燥收缩率方面，低热硅酸盐水泥的 28d 龄期干燥收缩率通常为 0.06%~0.08%，明显低于普通硅酸盐水泥，同时也低于绝大部分水泥品种。

5. 抗侵蚀性

低热硅酸盐水泥具有优良的抗硫酸盐侵蚀能力，这得益于水泥中的 C_3A 含量少、水化产物中水化硅酸钙（C-S-H）凝胶更稳定、形成的 $Ca(OH)_2$（氢氧化钙）较少等因素。低热硅酸盐水泥在 3% 的硫酸钠（Na_2SO_4）溶液的浸泡下，强度能够持续增长，不发生倒缩。在海水介质侵蚀下，低热硅酸盐水泥的侵蚀系数也明显低于普通硅酸盐水泥。

6. 耐磨性

低热硅酸盐水泥的耐磨性能较好，其磨耗量指标远优于《道路硅酸盐水泥》（GB/T 13693—2005）的规定（28d 磨耗量≤ 3.0 kg/m^2）。通常普通硅酸盐水泥的磨耗量为 3.0kg/m^2，而低热硅酸盐水泥的磨耗量则小于 2.0 kg/m^2。

第二讲

矿物组成优化设计

在水泥中，不同矿物具有不同的性能特点，而这些矿物通过组合来决定水泥的性能。在设计低热硅酸盐水泥时，调整矿物组成是必不可少的步骤。低热硅酸盐水泥的矿物组成类型与普通硅酸盐水泥相同，主要包括了 C_2S、C_3S、C_3A、C_4AF，但是不同的矿物含量会在很大程度上影响水泥的特性。在工业生产过程中，业主单位可能根据工程要求提出严于国标的指标要求，因此需要在生产过程中对矿物组成进行优化设计。本章将介绍设计调控低热硅酸盐水泥矿物组成的基本方法和建议的矿物组成含量。

一、硅酸盐矿物

硅酸盐矿物是决定水泥强度的主要成分，其中 C_3S 是水泥早期强度的主要来源，同时也是传统硅酸盐水泥的主导矿物。C_3S 的水化放热量相较于 C_2S 更大，因此在低热硅酸盐水泥中的含量不宜过高，通常在 35% 以下。C_2S 作为低热硅酸盐水泥的主导矿物，按照标准规范，其含量需要大于 40%，但同时需要注意，如果 C_2S 的含量过高，会影响低热硅酸盐水泥早期强度的发挥，不利于保证工程建设质量。

此外，从水化放热量的角度来考虑，C_3S 的水化过程主要集中在水泥水化早期，并放出大量热量，对混凝土温度裂缝控制不利；C_2S 的水化过程较为平缓，早期水化放热不多。因此，在控制硅酸盐矿物中 C_3S 含量的同时也要注意 C_2S 的含量，这也是控制低热硅酸盐水泥水化放热量的关键点。在生产过程中，应参考以下原则：在保证 C_2S 含量为 40% 以上的前提下，适当增加熟料矿物体系中硅酸盐矿物的含量（75% 以上），即适当增加 C_3S 的含量，以保证所制备的低热硅酸盐水泥具有一定的早期强度，满足工程需要。

下页图 1 与图 2 所示为通常情况下，在不同含量硅酸盐矿物的影响下，低热硅酸盐水泥的抗压强度与水化放热量的变化趋势。在实际生产中，可以

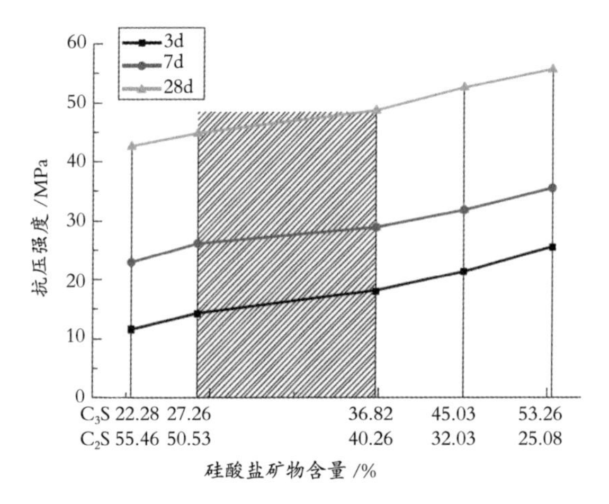

图 1 低热硅酸盐水泥硅酸盐矿物含量与抗压强度的关系

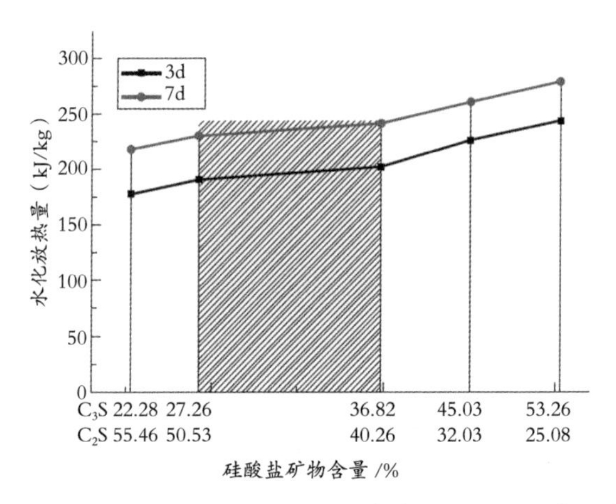

图 2 低热硅酸盐水泥硅酸盐矿物含量与水化放热量的关系

此矿物组成设计为参考，来满足业主方对水泥性能的需求。

二、熔剂矿物

熔剂矿物 C_3A 和 C_4AF 在煅烧过程中熔融形成液相，可以促进 C_3S 顺利形成。如果熔剂矿物过少，物料易出现生烧、氧化钙矿物不易被完全吸收、熟料中游离氧化钙（f-CaO）增加的现象，导致熟料矿物质量下降，在降低窑产量的同时，增加燃料煤耗；如果熔剂矿物过多，物料在窑内易结块、结圈，严重影响生产质量。

C_3A 在水化过程中作用于水化前期，并在水化中放出大量热量，其完全水化放出的热量远高于硅酸盐矿物，且其放热阶段集中，是水泥早期水化放热量的主要来源之一，也是低热硅酸盐水泥必须控制的组分。我国国家标准规定 C_3A 含量应低于 6%，但在实际生产过程中，往往需要将 C_3A 控制在更低的比例，以达到标准规范中提出的水化放热量要求，同时也为硅酸盐矿物的设计提供了更大的调控范围，为提高一定量的 C_3S 矿物含量提供可能，这能更好地满足部分工程对早期强度的需求。

C_4AF 的主要作用是在煅烧过程中熔融形成液相，其在水化过程中的贡献较小。即使在长龄期的水泥浆体中，其水化程度也远不及其他矿物。其在性能上的主要贡献是为水泥提供更好的耐久性能与耐磨性能。在低热硅酸盐水泥生产与制备过程中，设计 C_4AF 的含量时，要更多地考虑适应生产。在低热硅酸盐水泥生产过程中，熔剂矿物的设计应参考以下原则：在适当提高 C_4AF 含量的同时，将 C_3A 的含量控制在较低水平；C_4AF 的含量不宜低于14%，C_3A 的含量在满足性能设计需求的基础上，尽量控制在较低水平。

下页图 3 与图 4 所示为通常情况下，在不同含量熔剂矿物的影响下，低热硅酸盐水泥的抗压强度与水化放热量的变化趋势。在实际生产中，可以此矿物组成设计为参考，来满足业主方对水泥

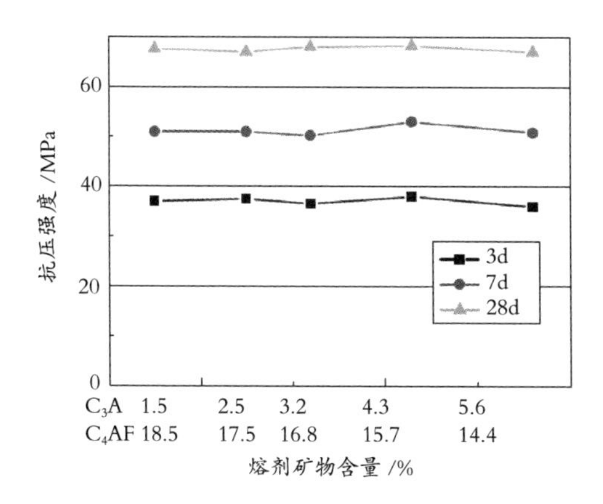

图 3　低热硅酸盐水泥熔剂矿物含量与抗压强度的关系

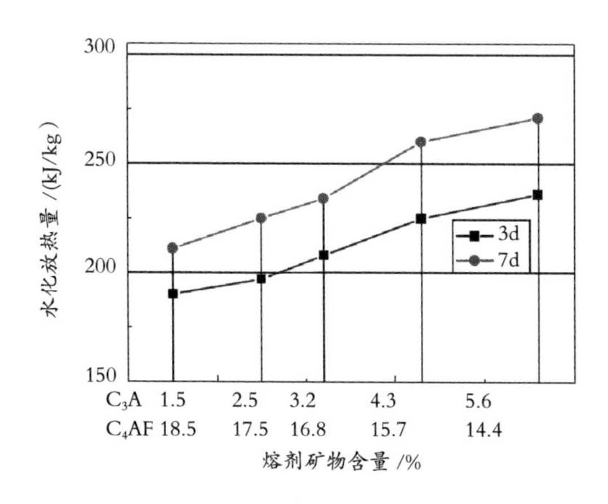

图 4　低热硅酸盐水泥熔剂矿物含量与水化放热量的关系

性能的需求。

综上，当硅酸盐矿物总量不变时，随着 C_2S 含量的增加，水泥强度提高，水化放热量增大，C_3S 的适宜含量为 30%~40%、C_2S 为 40%~50%；当熔剂矿物总量不变时，随着 C_3A 含量的增加，水化放热量增大，水泥强度变化不大，C_3A 的适宜含量为不大于 3%、C_4AF 为 15%~19%。在四大熟料矿物中，C_3S 和 C_3A 对于水化放热量的影响比较大，其含量需重点控制。

第三讲

硅酸二钙活化技术

硅酸二钙的化学式为 Ca_2SiO_4，是一种由结构单元硅氧四面体 [SiO_4] 通过钙氧多面体 [CaO_x] 连接成三维结构的岛状硅酸盐，其晶体结构会在不同的温度下发生转变，表现为五种不同的晶体结构：α 型、α'_L 型、α'_H 型、β 型、γ 型。各晶型结构及其随温度变化而发生转化的关系如图 5 所示。

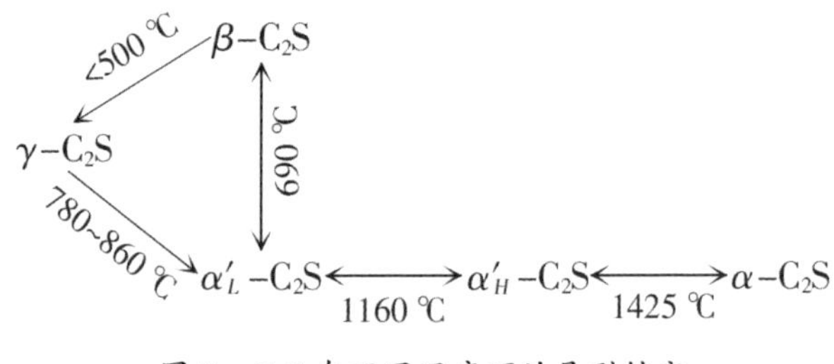

图 5　C_2S 在不同温度下的晶型转变

在这五种晶型中，γ 型能在常温下稳定存在，但不具有水化活性；β 型、α 型、α' 型（α'_L 型和 α'_H 型）为高温晶型，能在高温下稳定存在，水化活性从大到小依次为：α 型 >α'_H 型 >α'_L 型 >β 型。为了保证 C_2S 的活性，可以进行化学掺杂，一方面可以使固溶离子富集在晶界和位错附近，阻碍高温晶型向低温晶型转变，使高温晶型在常温下以亚稳状态存在；另一方面杂质离子固溶在晶体中，使得晶界上空位浓度增大，并引起晶体畸变，形成了更多的活性点位，以提高 C_2S 的活性。除此之外，一些物理方法也被用于 C_2S 的活化。最被广泛接受的是快速冷却法，即通过快速降温迅速度过相变温度，使尽可能多的 α 型、α' 型高活性 C_2S 以亚稳状态的形式在常温中存在。这也是当下生产低热硅酸盐水泥时，保证矿物活性的重要手段。通过高能粉磨等物理手段，也可以提高 C_2S 的水化活性，但 C_2S 矿物的粉磨往往比 C_3S 矿物的粉磨更加困难。在生产过程中，根据原材料的实际条件，会采取离子掺杂的方式稳定活性 C_2S 矿物，提高低热硅酸盐水泥熟料矿物的活性，常用的掺杂离子包括 S^{6+}、P^{5+} 等。为了更好地评定离子掺杂作用和熟料活化效果，需要采用合适的分析方法。

C_2S 是低热硅酸盐水泥的主导矿物，它的活化与稳定是低热硅酸盐水泥生产的重要指标。在通用硅酸盐水泥体系中，C_2S 往往是水化较慢的物相，对水泥早期性能影响不大，因此其往往被忽略。但在低热硅酸盐水泥体系中，需要把 C_2S 放到一个核心的地位进行认知，因为它的活化技术在很大程度上决定了低热硅酸盐水泥的稳定制备和性能发挥。

一、离子单掺对熟料的影响

1. 硫离子掺杂

掺杂硫离子能够有效稳定高活性的 C_2S，提高低热硅酸盐水泥的活性，提升水泥早期强度。通常的掺入方法是在生料配比设计中掺入石膏等高含硫矿物，从而达到掺杂目的。

在实际生产中，生料配比、烧成过程等都会影响到掺杂效果，下文将给出掺杂硫离子后的熟料岩相特征，以对比实际生产中的掺杂效果（下文将 C_2S 与硫离子等其他元素的固溶体简称为贝利特，将 C_3S 与其他元素的固溶体简称为阿利特）。

不外掺石膏的熟料的 SO_3（三氧化硫）含量很

低，其岩相特征是熟料中以贝利特为主，呈不规则的椭圆状，表面有大量交叉双晶条纹，且贝利特晶粒的大小不均齐，晶粒尺寸为 20~80μm。阿利特晶粒尺寸不均齐，多数呈细小的六方长板柱状，晶粒尺寸多为 5~30μm；中间相以白色中间相为主，黑色中间相较均匀地分布在中间相中。

掺入少量的 SO_3 以后，熟料的岩相结构特征有了显著的变化。熟料的矿物构成没有发生明显变化，仍以贝利特为主导矿物，但是贝利特的形貌特征发生了显著变化。贝利特晶粒的大小较为均齐，晶粒尺寸多数为 30~50μm，晶粒空隙中有较多尺寸为 10~20μm 的颗粒填充其中，贝利特表面有少量的交叉双晶条纹，多数贝利特表面较为光滑，部分贝利特晶粒中出现不规则的裂纹。阿利特的特征也有了显著的变化，其中最重要的变化是在晶粒尺寸上。阿利特晶粒尺寸多为 20~50μm，呈五方或六方长板柱状，晶体中有少量的包裹物；中间相分布均匀，以白色中间相为主，黑色中间相呈点线状分布其中。

当熟料中的 SO_3 含量进一步增大时，贝利特的晶粒尺寸没有显著的变化，但其表面的交叉双晶条纹继续减少，而晶粒中的裂纹却在增加。还可以看出，阿利特的晶粒尺寸在进一步增大，晶粒尺寸范围为 40~80μm，而且晶体棱角因受到熟料液相的侵蚀开始变得不完整。

当熟料中的 SO_3 增加到 1.32% 时，贝利特表面几乎看不到交叉双晶条纹，取而代之的是大量不规则的裂纹，裂纹之间多数为光滑的表面。阿利特的变化也非常明显，多数呈 80~150μm 的巨型晶体，虽然整体轮廓上仍然呈板柱状，但实际轮廓已经变成不规则的形状，晶体中有大量被液相侵蚀形成的孔洞。图 6 为硫离子（含量为 0.88%）掺杂后的贝

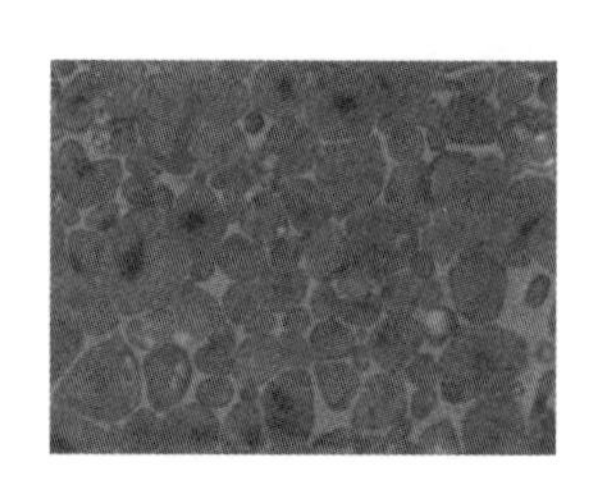

图 6 硫离子（含量为 0.88%）掺杂后的贝利特岩相图像

利特岩相图像。

2. 磷离子掺杂

从大量的研究和实际生产案例来看，磷离子掺杂的效果不如硫离子掺杂的效果好。但在实际生产中，掺杂的方式往往需要参考原材料条件，因此也会出现磷离子掺杂的情况。下文将给出掺杂磷离子后的熟料岩相特征，以对比实际生产中的掺杂效果。

随着五氧化二磷（P_2O_5）含量的增加，熟料中贝利特的晶粒尺寸趋于均匀化，呈椭圆状，晶体中的交叉双晶条纹呈逐渐减少的趋势。当 P_2O_5 含量达到 0.60% 以上时，贝利特中交叉双晶条纹就会减少，与此同时，贝利特中的裂纹却逐渐增加。熟料中阿利特的变化趋势则是随着 P_2O_5 含量的增加，晶体尺寸在逐渐增大。与掺硫样品不同的是，阿利特没有出现巨型晶体以及晶体受液相侵蚀的情况。中间相未见随着 P_2O_5 含量的增加发生显著变化。

熟料岩相特征随着 P_2O_5 含量的变化而变化，意味着一方面，P_2O_5 的掺入使得熟料中硅酸盐矿物的形成环境发生了一定的变化，液相的黏度可能有一定程度的降低，阿利特形成速度加快；另一方面，P_2O_5 固溶体进入贝利特晶体后，对熟料冷却过程中贝利特晶型转变造成了影响。P_2O_5 阻碍了高温型贝利特在冷却过程中向低温型转变，从而使得转变的标志——交叉双晶条纹减少。晶型转变受阻后，导致应力增加，从而造成裂纹增加，使得贝利特晶体的缺陷增多，这对于贝利特活性增加有好处。图7为磷离子（含量为0.69%）掺杂后的贝利特岩相图像。

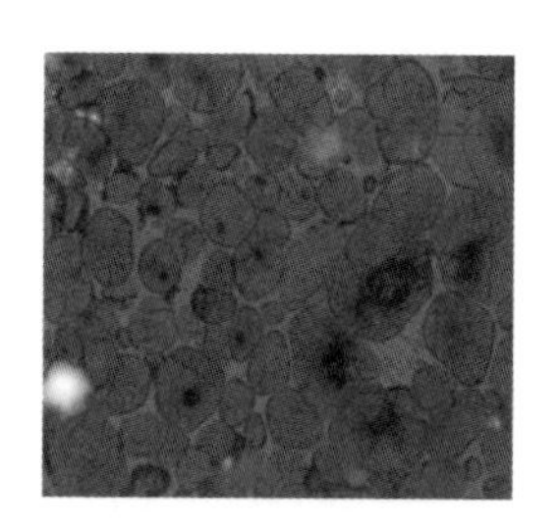

图7　磷离子（含量为0.69%）掺杂后的贝利特岩相图像

二、离子多掺对熟料的影响

在有条件的情况下，离子多掺是化学掺杂中的有效途径之一。通常掺杂效果最好的方式是采用S、P、Ba（钡）离子进行复合掺杂。在设计生产过程中，可以根据原材料条件、生料化学组成进行选择和调控。

在Ba、S复合掺杂的低热硅酸盐水泥熟料的结构中，贝利特的岩相特征如下：随着Ba、S掺量的增加，贝利特有规律地发生变化。贝利特晶体中的交叉双晶条纹逐渐减少。当Ba、S的掺量均达1%时，贝利特中可见交叉双晶条纹较少，大量的不规则裂纹出现在贝利特晶体中。

与Ba、S复合掺杂相似，随着Ba、P掺量的增加，贝利特晶体中的交叉双晶条纹逐渐减少。当Ba、P的掺量均达1%时，贝利特的表面较为光洁。

与双掺相似，随着Ba、P、S掺量的增加，贝利特晶体结构特征呈现规律性变化。在掺量较低时，贝利特中的交叉双晶条纹未见显著减少，但条纹变得粗大；随着P、S掺量的增加，晶体中的交叉双晶条纹逐渐减少；当Ba、S的掺量均达0.8%

以上时，在贝利特中几乎看不到明显的交叉双晶条纹，光洁的贝利特表面分布着大量的不规则裂纹。图 8 为 Ba、S 离子（含量各为 0.60%）双掺后的贝利特岩相图像。

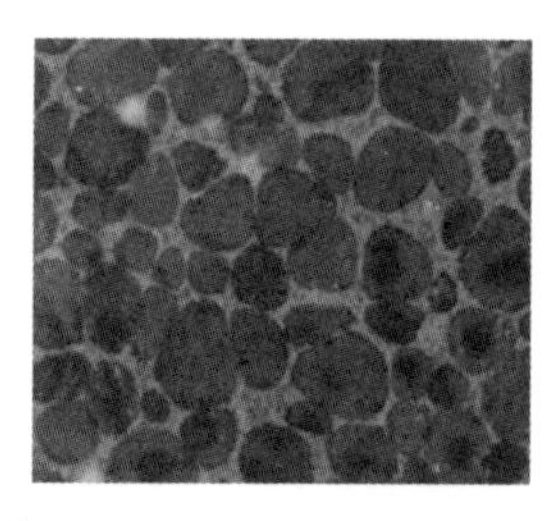

图 8　Ba、S 离子（含量各为 0.60%）双掺后的贝利特岩相图像

适当掺杂化学成分能够显著激活低热硅酸盐水泥的水化活性，提高水泥早期和后期的强度。以掺杂效果最佳的 SO_3+BaO（氧化钡）掺杂方式为例。在离子掺杂总量不超过 0.5% 的情况下，低热硅酸盐水泥熟料 3d 强度最高可达 19MPa 以上，28d 强度可达 55MPa 以上，90d 强度可达 75MPa 左右，180d 强度可达 80MPa，能够有效满足水利工程、铁路、桥隧等多种工程中大体积混凝土对强度的要求。

第四讲

微膨胀低热硅酸盐水泥调控技术

研究显示，低热硅酸盐水泥的干燥收缩率、自收缩率均不到普通硅酸盐水泥的 70%，但在乌东德水电站、白鹤滩水电站等干热河谷气候条件下的水利工程中，抗裂技术仍是需要重点关注的问题。为了适应水利工程的建设需求，中国建筑材料科学研究总院研发了以煅烧方镁石为膨胀组分的微膨胀低热硅酸盐水泥调控技术，通过方镁石水化产生的体积膨胀来抵消水泥在水化后期产生的收缩。

微膨胀低热硅酸盐水泥调控的关键是对熟料中方镁石含量的控制：一是要在烧成过程中控制方镁石的形成；二是在烧成过程中控制方镁石形成的量、尺寸、形状；三是准确测定熟料中的方镁石含量，以评估熟料膨胀性能。图 9 为低热硅酸盐水泥熟料中的方镁石岩相。

图 9　低热硅酸盐水泥熟料中的方镁石岩相

一、方镁石含量测定方法

在生料中配置的镁元素并不是都会以方镁石的形式存在于熟料当中，还有相当一部分镁元素会以取代钙离子的方式固溶在硅酸盐矿物中。这一部分镁元素水化是不会产生膨胀的，能产生膨胀的只有方镁石状态的镁元素。因此，测定方镁石含量成为判定熟料潜在膨胀性能的重要步骤。下文将总结一套 MgO 含量的测试方法，具体过程如下。

①第一步，萃取中间相。适宜的萃取方式为：将熟料磨细后，将熟料加入 KOH- 蔗糖溶液中，在 90℃水浴加热的环境中反应，反应时间为 60min。这一步主要是让 KOH- 蔗糖溶液与熟料中的中间相反应，从而将水泥熟料中的中间相萃取掉，在过程中需要注意恒温控制以及全程搅拌。

②第二步，萃取硅酸盐相。对经过第一步萃取后的固相进行萃取，适宜的萃取方式为：以水杨酸 - 甲醇溶液为萃取剂，在温度为 20℃ ±5℃的环境下反应，反应时间为 45min，萃取后保留固相。

③第三步是采用硝酸铵选择性溶解法，对第二步萃取后的固相中的方镁石进行定量测定。萃取步骤较为复杂，如下：取质量为 m_1 的萃取自中间相和硅酸盐相的滤渣，精确到 0.0001g，置于锥形瓶中，加入 50mL 无水乙醇、0.5g 变色硅胶和 3g 硝酸铵。在 95℃下反应 60 min 后，抽滤洗涤，滤液量不超过 200 mL，待其冷却至室温后，倒入容量瓶中定容。用移液管准确移取 25mL 的待测液到烧杯中，稀释并滴加 5mL 的三乙醇胺（1+2）及少量 CMP 指示剂，在搅拌下加入 200 g/L 的氢氧化钾溶液，直到溶液 pH 值大于 12.5。再使用 EDTA 标准溶液滴定，直至溶液原先的绿色荧光消失，变为红色，且 30s 不褪色后停止滴定，此时消耗 EDTA 标准溶液的体积为 V_1。再移取 25mL 的待测液到另一烧杯中，滴加 5mL 的三乙醇胺（1+2）及少量 100 g/L 酒石酸钾钠稀释，搅拌均匀后，使用移液管移取 pH 值为 10 的缓冲溶液 25 mL 到烧杯中，并加入少量 K-B 指示剂，再使用 EDTA 标准溶液滴定，直

至溶液颜色变为纯蓝色，且 30s 不褪色后停止滴定，此时消耗 EDTA 标准溶液的体积为 V_2。方镁石的质量分数可用式（1）计算。

$$w_{MgO}=\frac{T_{MgO}\times(V_2-V_1)\times m_2}{m_1\times M\times 10^3} \tag{1}$$

式中，w_{MgO}——方镁石的质量分数，%；

T_{MgO}——方镁石的滴定度，mg/mL；

V_1——滴定 Ca^{2+} 时消耗 EDTA 标准溶液的体积，mL；

V_2——滴定 Ca^{2+}、Mg^{2+} 时消耗 EDTA 标准溶液的总体积，mL；

m_1——用硝酸铵法测定方镁石中所取的第二步滤渣 RKS 的质量，g；

m_2——第二步萃取得到的滤渣 RKS 的质量，g；

M——第一步萃取中所取 C1 熟料的质量，g。

二、方镁石含量的调控

确定了 MgO 含量的测定方法后，利用上述方法，我们研究了 MgO 的含量与低热硅酸盐水泥中方镁石含量的关系，如图 10 所示。可以看出，方镁石含量与 MgO 含量基本呈正比关系，MgO 含量高于 2% 后，才能有效生成方镁石，且超过 2% 部分的 MgO 基本都会转化为方镁石。

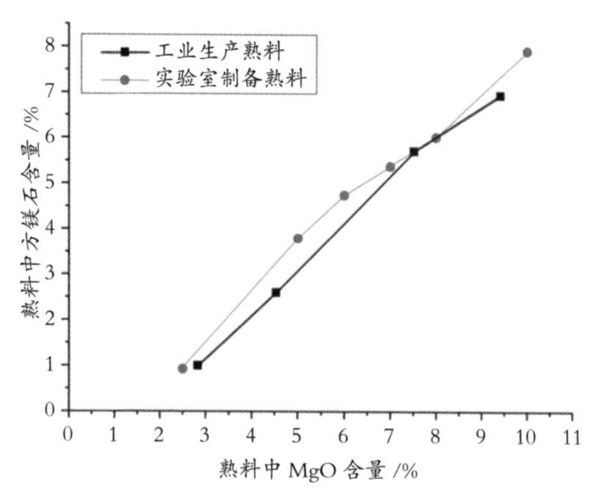

图 10　熟料中 MgO 含量与方镁石含量的关系

三、调控方镁石的煅烧工艺

煅烧温度与保温时间的关系如下：较低的煅烧温度有利于方镁石的生成，对于 MgO 掺量为 5% 的熟料，保温 1h 时，1350℃、1400℃和 1450℃煅烧制备的熟料中，方镁石含量分别约为 4.1%、3.9% 和 3.7%；保温 2h 时，1350℃、1400℃和 1450℃煅烧制备的熟料中，方镁石含量分别为 4.1%、3.6% 和 3.5%。可见，随着煅烧温度的提高，熟料中方镁石的含量趋于降低；在较高的煅烧温度下，保温时间越长，方镁石的含量下降越明显。煅烧温度为 1350℃、1400℃和 1450℃时，方镁石的平均粒径约为 2.95μm、3.00μm 和 4.00μm，其中硅酸盐内部的方镁石尺寸随煅烧温度升高的变化不大，为 1~2μm；位于硅酸盐相边缘位置的方镁石的尺寸从 1350℃时的 3.1μm 左右，增大到 1450℃时的 4.2μm 左右。由此可见，随着煅烧温度的提高，熟料中方镁石的尺寸趋于增大。

冷却方式如下：随着熟料冷却速率的提高，熟料中的方镁石含量趋于减少，圆粒状的方镁石略有增多，但是大尺寸的方镁石仍为板状，且在空气自然冷却、空气急冷和水中冷却条件下制得的熟料样品中的方镁石晶体都较为完整。

四、微膨胀低热硅酸盐水泥的膨胀性能

图 11 为在 30 ℃水中养护时，工业化生产的 MgO 含量分别为 5%、6%、7%、8% 和 10% 的熟料制备的低热硅酸盐水泥浆体膨胀率，熟料中的方镁石含量分别为 3.8%、4.8%、5.4%、6.0% 和 7.9%。随着熟料中方镁石含量的增加，由实验室制备和工业生产的熟料制备的水泥浆体的膨胀率趋于增大。水泥浆体的膨胀率可以通过调整熟料中的方镁石含量来进行调控。

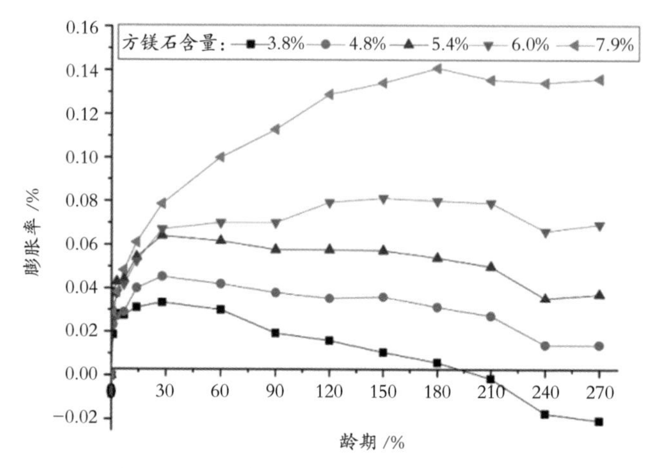

图 11　在 30℃水中养护时，不同方镁石含量熟料制备的低热硅酸盐水泥浆体膨胀率

第五讲

低热硅酸盐水泥的工业化制备工艺参数优化

水泥生产是一个复杂的过程，涉及众多工艺参数和物料配方，在实际生产过程中，需要兼顾各个重要工艺参数辩证地调整生产工艺，以达到设计要求与目的。低热硅酸盐水泥相较于普通硅酸盐水泥，具有液相更多、烧成温度带更窄等关键问题，如果不加以调控和优化，会出现熟料强度不稳定甚至不满足要求、烧成过程结皮和结圈现象严重等问题，严重时会导致停窑。因此，要实现低热硅酸盐水泥稳定工业化制备，需要明确和控制生料投料量、入窑分解率、烧成带温度、冷却机篦速与风量风压等关键工艺参数。

一、生料投料量

图 12 为不同生料投料量对低热硅酸盐水泥强度的影响。从中可以看出，随着生料投料量增大，水泥抗压强度先增加后降低。低热硅酸盐水泥的生产需要采用较低的生料投料量，生料投料量增大，预热效果减弱，物料在窑内翻滚不完全，导致热交换

减弱，熟料质量变差。当生料投料量略低于设计台产投料量时，更有利于薄料快转、长焰顺烧及 C_2S 晶体的结晶，水泥后期强度会更好。在生产过程中，结合窑内煅烧状况，综合热交换效率，可适当降低生料投料量（控制在 125~130t/h 为宜）。

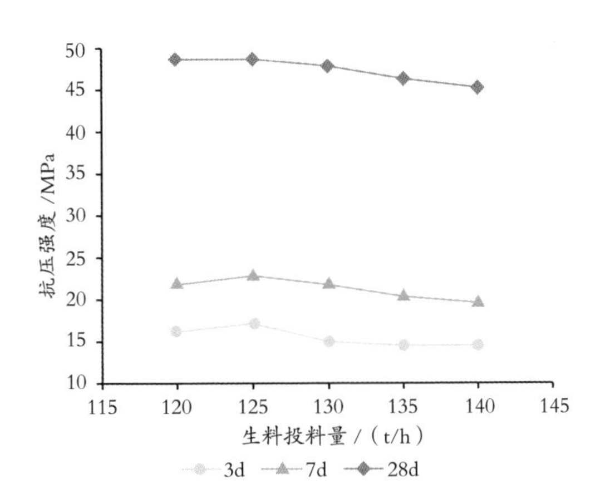

图 12　不同生料投料量对低热硅酸盐水泥强度的影响

二、入窑分解率

当入窑分解率低于 90% 时，由于生料在入窑前预热不够充分，没有充分发挥分解炉的作用，加大了回转窑的负担，造成熟料煅烧质量较差，水泥强度较低。当入窑分解率控制在90%以上，熟料中f-CaO含量较低，可减轻烧成压力，提高烧结质量。当入窑分解率在93%以上时，生料在入窑前碳酸盐分解适当，有利于熟料的煅烧，熟料立升重在1.45kg/L以上，熟料结粒和煅烧质量较好，水泥强度较高。

入窑分解率也不宜控制过高。当入窑分解率大于95%时，生料很可能在入窑前发生硅酸盐矿物的放热反应，在分解炉及预热器内容易有结皮堵塞风险，严重影响窑系统的正常运行，甚至会造成主机设备事故。

入窑分解率与分解炉的温度有很大相关性。一般来说，生料在分解炉中与煤粉混合均匀时，分解炉温度越高，则入窑分解率也越高。因此，在低热硅酸盐水泥熟料煅烧过程中，应注意对分解炉及窑尾预热器进行及时清理，以防结皮堵塞。分解炉出口温度宜控制在875~895℃的范围，从而保证入窑分解率控制在93%~95%的范围。

三、烧成带温度

烧成温度对熟料煅烧质量影响较大，在一定温度范围内，烧成温度越高，熟料结粒越好，可提高熟料立升重并降低 f-CaO 含量，有利于提高低热硅酸盐水泥的强度。在工业化生产过程中，回转窑烧成带筒体表面温度及视频可视颜色能够很好地反映出烧成带温度。下页图 13 给出了不同烧成带筒体温度与熟料立升重和低热硅酸盐水泥抗压强度之间的关系。通常随着烧成带筒体表面温度升高，熟料立升重增大，水泥抗压强度增加。但当烧成带筒体表面温度达到 350℃左右时，熟料立升重最大，但水泥抗压强度不高。这主要是由于头煤和尾煤用量调配不合理，导致烧成带温度过高，熟料发生了过烧现象，使得水泥抗压强度下降。因此，在低热硅酸盐水泥熟料煅烧过程中，应合理调节头煤和尾煤用量，将烧成带筒体表面温度控制在 320~340℃的范围，此时熟料立升重≥ 1.45kg/L 且不至于过烧，水泥的抗压强度较高。

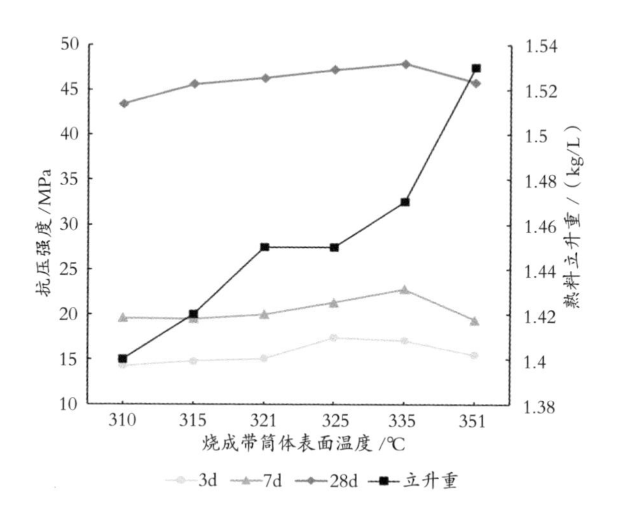

图 13　不同烧成带筒体温度与熟料立升重和低热硅酸盐水泥抗压强度的关系

四、冷却机篦速与风量风压

快速冷却是稳定 C_2S 矿物、提高熟料活性和稳定性的重要方法，因此需要加快熟料冷却速率。对于冷却机来说，篦速快、料层变薄、易吹穿会影响烧成温度（温度下降），导致熟料冷却效果变差。反之，篦速适当减慢、料层加厚、窑头温度上升，会使熟料冷却效果好，对熟料强度有一定提升。当风量加大时，冷却效果明显，对熟料质量有利，反之效果变差。

五、风、煤、料的匹配关系

风、煤、料匹配的一般关系为：在垂直方向压低喷煤管头部，喷煤管在水平方向向料带靠拢，以延长火焰长度，保证火焰的热力强度及料、气的热交换，使主窑皮控制在一定距离内。适当提高二次风温，在不产生还原气氛的前提下，适当加大窑头用煤量，有益于保证烧成带热力强度。尽可能地把熟料中的显热回收进烧成系统，提高二次风、三次风的温度。薄料快转是通过加快窑速，提升窑内物料的带起高度，扩大物料与高温气体的接触面积，提高热传导效率，使窑内物料受热均匀，出窑熟料质地致密、粒径匀称。

如果煤的挥发分低，则着火温度高；如果煤的挥发分高，则着火温度低，燃烧速度快。如果煤的灰分高，则热值低，容易造成不完全燃烧，导致预分解系统结皮堵塞。如果煤灰掺量过多，使窑内的煅烧温度降低，易造成烧成带长厚窑皮，不仅存在总风量的调节问题，而且存在风的分配问题。如果三次风门开度过小，容易降低入窑生料的分解率，增加窑的负荷，可能导致 C5 筒出口温度与分解炉出口温度出现倒挂，分解炉煤粉燃烧不完全，造成结皮堵塞现象；如果三次风门开度过大，易造成窑内供氧不足，使得煅烧气氛变差，影响熟料烧成。而随着三次风门的增大，生料分解率将提高，对窑的负荷减轻，窑速将提高，有利于熟料的烧结，进而促使三次风温有二次风温上升，提高了窑系统的热利用率，优化了热工制度。在正常生产中，可根据实际情况，通过调节入分解炉三次风阀的开度来调节窑内通风和三次风量。

六、窑、炉用煤的比例

熟料煅烧系统的总耗煤量一般取决于入预热器生料的成分和投料量，而预分解窑系统的窑、炉投煤量的调节及比例分配非常关键。分解炉的用煤量主要是根据入窑生料分解率、分解炉出口温度、C5和C1出口的气体温度进行综合调节的。如果风量分配合理，但入窑生料分解率低，C5和C1出口的气体温度低，说明分解炉用煤量过少。如果分解炉用煤量过多，则预分解窑系统温度偏高，热耗增加，甚至会出现分解炉内煤粉燃尽率低，煤粉到C5内继续燃烧，致使在预分解窑系统产生结皮或堵塞现象。

七、窑速

回转窑的窑速随投料量的增加而逐渐加快。如果窑速快，窑内物料层薄，生料与热气体之间的热交换好，物料受热均匀，进入烧成带的物料预烧好，即使遇到垮圈、掉窑皮或小股塌料，窑内热工制度稍有变化，增加一点儿投煤量，系统也很快就能恢复正常。假如窑速太慢，窑内物料层厚，生料与热气体之间的热交换差，预烧不好，生料黑影就会逼近窑头，窑内热工制度稍有变化，则极易跑生料。这时即使增加投煤量，由于窑内物料层厚，烧成带温度回升也很缓慢，窑主机电流低，容易出现短火焰逼烧，产生黄心料，熟料的 f-CaO 含量也高。同时，大量未燃尽的煤粉落入料层，造成不完全燃烧，容易出现大蛋或结圈。

采用上述生产工艺参数来控制低热硅酸盐水泥工业化生产过程，可以取得窑况稳定、结皮和结圈现象少、熟料质量稳定、熟料水化活性高的效果，解决了低热硅酸盐水泥矿物活化困难、制备不稳定、烧成带温度难以控制的制备难题，实现了低热硅酸盐水泥熟料矿物的稳定活化和高效工业化制备。

第六讲

低热硅酸盐水泥混凝土应用技术

低热硅酸盐水泥凭借其性能特点被广泛应用在大体积混凝土、高流态混凝土、海洋工程混凝土和抗裂混凝土中。

大体积混凝土是低热硅酸盐水泥最主要的应用场景，尤其是在水利工程领域，得到了非常成功的应用，有效解决了大坝温度裂缝这一世界级工程难题。最初，在三峡工程三期围堰和导流底孔封堵混凝土施工中，低热硅酸盐水泥得到成功应用，随后逐渐在瀑布沟水电站、深溪沟水电站和溪洛渡水电站等工程中推广。在乌东德水电站、白鹤滩水电站工程中，通过采用低热硅酸盐水泥，配合预冷骨料、仓面控制、冷却通水、表面保温等温控措施，并实施数字化温控管理，实现了全坝低热硅酸盐水泥混凝土浇筑。图 14 为全坝采用低热硅酸盐水泥的乌东德水电站。

在海洋工程中，抗海水侵蚀性能是考量水泥质量的关键参数，“低热硅酸盐水泥 + 粉煤灰”的胶凝材料体系能够很好地发挥低热硅酸盐水泥的抗侵

图 14　全坝采用低热硅酸盐水泥的乌东德水电站

蚀性能。

用低热硅酸盐水泥配制自密实混凝土的技术路径也是可行的，能降低混凝土中减水剂的用量。近年来，我国一些桥梁工程承台的建设也尝试了用基于低热硅酸盐水泥配制的自密实混凝土。

另外，在一些干燥气候下的铁路建设工程中，低热硅酸盐水泥的使用能够有效减少混凝土结构因干缩引起的开裂。例如，在我国西部地区拉林铁路的建设过程中，部分工程采用了“低热硅酸盐水泥＋粉煤灰”的技术路线，实现了明显的降收缩率、减少开裂的效果。

作为一种特种水泥，低热硅酸盐水泥的混凝土应用相较于其他品种的特种水泥更容易。目前，低热硅酸盐水泥混凝土常见的应用场景：一是大体积混凝土，这也是低热硅酸盐水泥应用最广泛、技术最成熟的领域，主要关注混凝土温度裂缝控制等问题，其中以水利工程混凝土最为典型；二是抗裂混凝土，利用了低热硅酸盐水泥水化放热量低、自收缩率小、干燥收缩率小的性能特点，解决了混凝土早期开裂和干缩开裂的问题，近年来在铁路建设中已有部分成功实例。下文将列举在这两种应用场景下需要注意的关键点和解决措施。

一、水利工程中的低热硅酸盐水泥混凝土

1. 粗骨料级配

在水利工程应用场景中，大坝混凝土采用施期料场灰岩骨料，不同粗骨料组合比的振实密度、空

隙率不同。对于二级配骨料来说，当中石与小石的质量比为 50∶50 时，骨料的堆积密度与紧密密度最大，空隙率最小；对于三级配骨料来说，当大石、中石与小石的质量比为 40∶30∶30 时，骨料的堆积密度与紧密密度最大，空隙率最小；对于四级配骨料来说，当特大石、大石、中石与小石的质量比为 30∶30∶20∶20 时，骨料的堆积密度与紧密密度最大，空隙率最小。大坝混凝土粗骨料初选二级配骨料组合比为 50∶50，三级配骨料组合比为 40∶30∶30，四级配骨料组合比为 30∶30∶20∶20。

2. 低热硅酸盐水泥－粉煤灰胶凝体系调控

在水利工程中，低热硅酸盐水泥 - 粉煤灰是常见的胶凝体系之一。在设计混凝土时，需要考虑粉煤灰掺量对强度发展、水化放热量等性能的影响。

28d 龄期前，低热硅酸盐水泥 - 粉煤灰胶凝体系的胶砂强度和强度增长率略低于中热硅酸盐水泥 - 粉煤灰胶凝体系；28d 龄期后，低热硅酸盐水

泥 - 粉煤灰胶凝体系的强度增长率随龄期的增长而显著增加，并高于后者，且粉煤灰掺量越大，强度增长率越大。720d 龄期时，粉煤灰掺量为 20%、35% 和 50% 的低热硅酸盐水泥胶砂试件强度已超过或接近不掺粉煤灰的微膨胀低热硅酸盐水泥的胶砂强度。低热硅酸盐水泥 - 粉煤灰胶凝体系的胶砂强度持续、稳定增长，且总体上超过了中热硅酸盐水泥 - 粉煤灰胶凝体系。图 15 给出了各类硅酸盐水泥混凝土胶凝体系的强度发展变化。

3. 水利工程中低热硅酸盐水泥现场施工工艺

仓面施工：大坝混凝土利用自卸式汽车进行水平运输，利用缆机吊运混凝土料罐入仓。浇筑方法为平铺法、条带法，利用平仓机进行平仓。利用振捣机进行振捣，局部边角部位、钢筋密集区利用 ϕ100mm 振捣棒进行人工振捣。在浇筑过程中，每一位置的振捣时间以混凝土不再显著下沉、不出现气泡并开始泛浆为准。经分析，振捣机振捣三级配富浆混凝土需要 15s 左右，振捣三级配混凝土需要

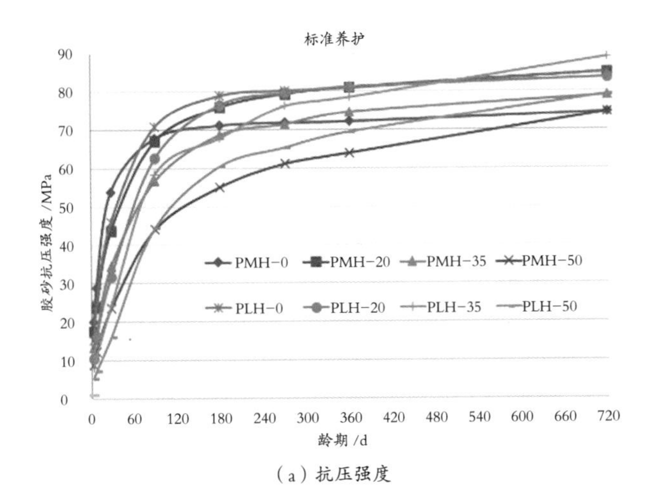

（a）抗压强度

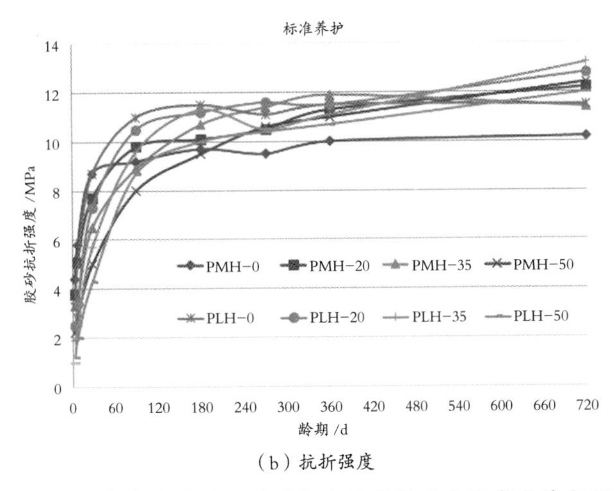

（b）抗折强度

图 15　各类硅酸盐水泥混凝土胶凝体系的强度发展变化

注：图中 PMH 代表中热硅酸盐水泥，PLH 代表低热硅酸盐水泥，缩写字母后的数字为粉煤灰掺量。

25s 左右，振捣四级配混凝土需要 32s 左右；人工振捣三级配富浆混凝土需要 25s 左右，振捣三级配混凝土需要 37s 左右，振捣四级配混凝土需要 68s 左右。上游侧模板附近采用人工振捣，模板最大变形量为 –0.5cm；下游侧模板附近采用振捣机振捣，模板最大变形量为 –1cm。下游侧模板变形量的平均值明显大于上游侧模板变形量的平均值，说明用振捣机振捣对模板的变形影响较大。与中热硅酸盐水泥混凝土一致，在混凝土浇筑模板附近应尽量采用人工振捣。

仓面备仓：对比不同冲毛时间下的冲毛效果可知，收仓 38h、采用 28MPa 水压进行冲毛的效果较好。在常规环境气温为 25℃左右时，收仓约 32h、采用 25MPa 水压可达到最佳冲毛效果——粗砂外露，小石微露。

模板拆除：水利工程的中热硅酸盐水泥混凝土一般是收仓后 16~20h 达到最佳冲毛时间，收仓后 24h 即可开展拆模工作。与中热硅酸盐水泥混凝土相比，低热硅酸盐水泥混凝土在低温季节的冲毛时间延迟 12~16h，拆模时间延迟 12h。考虑到大体积混凝土施工间歇期一般为 7~10d，因此上述延迟时间通过施工组织调整均可完全消除，即全坝浇筑低热硅酸盐水泥混凝土对施工进度控制、施工组织无影响。

二、抗裂混凝土

1. 低热硅酸盐水泥的外加剂适应性

低热硅酸盐水泥具有较好的流变特性，适用于有不同流动性要求的混凝土。这主要得益于 C_2S 早期的水化程度较 C_3S 更低，同时 C_2S 矿物形状接近于球形，更有利于浆体流动。低热硅酸盐水泥更少的 C_3A 含量，降低了铝酸盐矿物对外加剂的吸附作用，从而提高了低热硅酸盐水泥的外加剂适应性。通常采用相同掺量的萘系减水剂且配合比相同时，低热硅酸盐水泥混凝土的坍落度优于普通硅酸盐水泥混凝土，经时损失也更小。聚羧酸减水剂与低热硅酸盐水泥同样具有良好的适应性，在配制相同流动度的混凝土时，低热硅酸盐水泥的外加剂掺量可以略低于普通硅酸盐水泥。

目前，低热硅酸盐水泥在水利工程大体积混凝土中应用较为广泛，各大品牌的外加剂与低热硅酸盐水泥的适应性都较好。

2. 胶凝材料体系调控

建议采用“低热硅酸盐水泥 + 矿物掺和料”的方式降低混凝土早期的水化放热量和后期的收缩率。下文列举了某工程“普通硅酸盐水泥 +5% 粉煤灰”“普通硅酸盐水泥 +25% 粉煤灰”“低热硅酸盐水泥 +25% 粉煤灰”三种胶凝材料体系的抗裂效果。其中，混凝土和易性与开裂情况如表 3 所示。可见，低热硅酸盐水泥加粉煤灰的胶凝材料体系在和易性上明显优于普通硅酸盐水泥加粉煤灰胶凝材料体系，并且其抗裂性能远好于普通硅酸盐水泥加粉煤灰胶凝材料体系。

混凝土早期开裂与其水化放热量密切相关，第

表 3 不同胶凝材料体系混凝土和易性与开裂情况

胶凝体系	新拌混凝土性能	坍落度 /mm	试验混凝土开裂情况
普通硅酸盐水泥 +5% 粉煤灰	包裹性好，低黏	195	2h 出现裂纹
普通硅酸盐水泥 +25% 粉煤灰	泌水、板结	165	1h40min 出现裂纹
低热硅酸盐水泥 +25% 粉煤灰	和易性好	200	12d 未出现裂纹

58 页图 16列举了三组不同胶凝材料体系的混凝土早期水化温升的情况，普通硅酸盐水泥加 5% 粉煤灰胶凝材料体系在加水拌和后，早期即放出大量热量，混凝土温度由 15℃升至 18℃，因此早期开裂严重。另一组普通硅酸盐水泥配比有相似现象，且由于掺入 25% 的粉煤灰，导致混凝土后期温度迅速下降，500min 时混凝土内部温度只有 15℃，过大的温度梯度产生的温度应力会导致混凝土开裂时间提前。低热硅酸盐水泥水化温度较低，且升温缓慢，因此在混凝土早期能有效避免开裂。低热硅酸盐水泥在 1000min 后才开始大量放热，但此时混凝土微结构已形成且具有一定强度，因此后期低热硅

酸盐水泥混凝土开裂也较少。

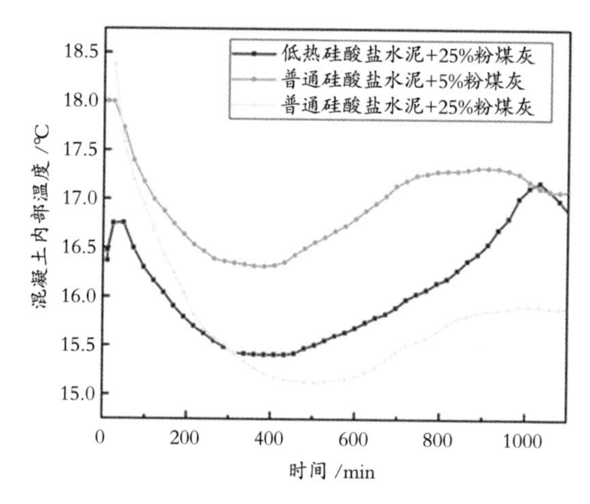

图 16　不同胶凝材料体系的混凝土水化温升

后 记

低热硅酸盐水泥最早是从“九五”计划时开始攻关研制，从研发、生产到应用，经历了30多年的不断探索，是中国建筑材料科学研究总院几代科研工作者通过产学研相结合产出的智慧结晶。科研是一项艰苦的事业，理论学习必须扎实，产品研发必须细致，工程应用必须谨慎。整个科研过程是很漫长的，好比炮制中药，“炮制虽繁必不敢省人工，品味虽贵必不敢减物力”，想要确保“疗效”就不能急于求成，无论过程如何烦琐、复杂，都不可有半点懈怠。

我们的使命是服务国家重大工程。目前，在我国能源、交通、国防等众多领域，都能看到我们的科研成果。这些成果并非一朝一夕的产出，很多时候，我们科技工作者需要有默默付出的觉悟，为国家建设、为社会发展贡献自己的全部能量。在中国建筑材料科学研究总院工作这么多年，奉献精神是我从老一辈科研工作者身上学到的，也是我现在对自己团队的要求，每一种特种水泥从研发到应用，都有一个漫长的过程，就像低热硅酸盐水泥这一产品，几乎贯穿了我的大半个职业生涯。年轻的时候，我会夜以继日地烧炉子、调配方，现在我也会以身作则地带领我的团队深入一线解决生产和应用难题。正是这样的坚守与付出，才换来低热硅酸盐水泥的成套技术，才造就了“无缝大坝”的创举。我们水泥行业需要这样的坚守和奉献，尤其是在面对一些国家重大工程的需求时，更是如此。

以上是我个人在科研工作中的体会，分享给各位读者。本书仍有诸多不足之处需要改进，恳请各界专家多提出宝贵意见。

2023 年 5 月

图书在版编目（CIP）数据
文赛军工作法：低热硅酸盐水泥的制备及应用 / 文赛军著. 一北京：
中国工人出版社, 2023.7
ISBN 978-7-5008-8224-4
Ⅰ. ①文… Ⅱ. ①文… Ⅲ. ①防潮水泥－硅酸盐水泥－生产工艺 Ⅳ. ①TQ172.71
中国国家版本馆CIP数据核字（2023）第125236号

文赛军工作法：低热硅酸盐水泥的制备及应用

出 版 人　董　宽
责任编辑　习艳群
责任校对　张　彦
责任印制　栾征宇
出版发行　中国工人出版社
地　　址　北京市东城区鼓楼外大街45号　邮编：100120
网　　址　http://www.wp-china.com
电　　话　（010）62005043（总编室）
　　　　　（010）62005039（印制管理中心）
　　　　　（010）62046408（职工教育分社）
发行热线　（010）82029051　62383056
经　　销　各地书店
印　　刷　北京美图印务有限公司
开　　本　787毫米×1092毫米　1/32
印　　张　2.5
字　　数　35千字
版　　次　2023年8月第1版　2023年8月第1次印刷
定　　价　28.00元